Muluken Getachew

Manual de Laboratório de Nutrição Animal

Muluken Getachew

Manual de Laboratório de Nutrição Animal

Análise da alimentação animal e avaliação física

ScienciaScripts

Imprint

Cover image: www.ingimage.com

This book is a translation from the original published under ISBN 978-3-659-97767-1.

Publisher:
Sciencia Scripts
is a trademark of
Dodo Books Indian Ocean Ltd. and OmniScriptum S.R.L publishing group

120 High Road, East Finchley, London, N2 9ED, United Kingdom
Str. Armeneasca 28/1, office 1, Chisinau MD-2012, Republic of Moldova, Europe
Managing Directors: Ieva Konstantinova, Victoria Ursu
info@omniscriptum.com

Printed at: see last page
ISBN: 978-620-8-38967-3

MANUAL DE LABORATÓRIO DE NUTRIÇÃO ANIMAL
ANÁLISE DE ALIMENTOS PARA ANIMAIS E AVALIAÇÃO FÍSICA

PREÂMBULO

Este manual foi preparado para os estudantes de licenciatura e de pós-graduação em Ciência Animal da Universidade de Wollo. O manuscrito foi trabalhado de modo a torná-lo respeitável, acessível e suficientemente simples para ser compreendido por professores e estudantes, bem como pelo pessoal da indústria de alimentação animal e pelos extensionistas do Departamento de Nutrição Animal, para utilização no terreno. Esperamos que este manual seja uma ferramenta muito útil para os estudantes de graduação e pós-graduação em Ciência Animal que estejam a frequentar cursos de Nutrição Animal.

É com prazer que agradecemos ao Chefe do Departamento de Ciências Animais, por ter disponibilizado as instalações necessárias, um ambiente alegre e ter prestado toda a ajuda na preparação deste manual de laboratório.

Sr. Muluken Getachew

Assistente técnico sénior

Departamento de Ciência Animal

Índice

SEGURANÇA LABORATORIAL

- Utilize sempre equipamento de proteção individual (EPI) adequado à tarefa que está a realizar (por exemplo, bata ou fato-macaco de laboratório, óculos de segurança ou óculos graduados com protecções laterais, luvas, viseira facial, máscara respiratória, aspirador, auriculares, etc.); para mais informações, ver abaixo.

- Conhecer sempre as propriedades perigosas dos materiais que estão a ser utilizados

- Lavar sempre bem as mãos antes de sair do laboratório

- Nunca fumar no edifício

- Nunca comer, beber, guardar alimentos ou aplicar cosméticos nos laboratórios

- Nunca efetuar experiências não autorizadas

- Nunca se envolver em brincadeiras, piadas ou outros actos de maldade

- Não bloquear o acesso às saídas de emergência e ao equipamento de emergência

- Os telemóveis não devem ser utilizados no laboratório, pois podem ficar contaminados.

- Não são permitidos auscultadores no laboratório, uma vez que interferem com a comunicação.

- É proibido pipetar com a boca. Se utilizar uma pipeta, coloque e utilize sempre um bolbo de sucção de borracha para transferir a solução ou utilize um dispositivo de pipetagem mecânico.

1. INTRODUÇÃO

Pensa-se que o principal obstáculo ao aumento das receitas da produção de ruminantes em pequena escala nas regiões áridas são os custos da alimentação, que têm um impacto significativo na nutrição animal e na produtividade do gado. Os cientistas etíopes da área da pecuária estão à procura de recursos alimentares alternativos para incluir em dietas bem equilibradas que possam levar a melhorias na produtividade dos rebanhos e na qualidade da carne e do leite. São necessários testes laboratoriais cuidadosos para determinar o conteúdo nutricional das dietas sugeridas de baixo custo e a forma como afectam a qualidade do produto. Por conseguinte, o Laboratório de Nutrição Animal da Universidade de Wollo analisa a qualidade dos alimentos para animais.

O laboratório de nutrição é semelhante ao laboratório alimentar. Contém material químico e de vidro, equipamento de análise de alimentos para animais. Por conseguinte, estes sistemas evocam certas instruções e diretivas que devem ser rigorosamente seguidas pelo pessoal, estudantes, membros do pessoal, principiantes e investigadores são encorajados a dar prioridade às medidas de segurança e proteção, a fim de se protegerem e salvaguardarem o equipamento do laboratório...

Este manual abrange algumas análises efectuadas no Laboratório de Nutrição Animal da Universidade de Wollo, bem como o equipamento necessário. As análises de alimentos para animais efectuadas no laboratório incluem análises nutricionais básicas, tais como teor de humidade, matéria seca, proteína bruta, fibra bruta, gordura bruta, ODM (matéria seca orgânica), gordura bruta, etc. Para estas análises, o laboratório está equipado com um analisador de azoto Kjeldahl, um analisador de fibras, um Soxhlet, um agitador de amostras, balanças e centrifugadoras.

Este manual de laboratório serve como recurso primário para investigadores, colaboradores e técnicos do Laboratório de Nutrição Animal que visitam a Universidade Wollo para formação ou projectos de investigação conjuntos.

2. ANÁLISE DA ALIMENTAÇÃO

Preparação da amostra

O processo de preparação das amostras garante uma preparação homogénea para todas as análises nutricionais. Os dois processos mais importantes são a secagem e a trituração. A preparação da amostra é efectuada de acordo com as análises solicitadas e o tipo de amostra. As amostras que estão húmidas no momento da receção são secas durante a noite a 60 °C numa estufa de circulação de ar para produzir amostras secas ao ar que são preparadas para moagem. Utilizando uma máquina de trituração, as amostras de alimentação são trituradas até uma dimensão de partícula de 1 mm. As amostras secas e moídas são mantidas seladas e ao abrigo da luz solar direta. Para evitar danos provocados por insectos, é necessário ter cuidado.

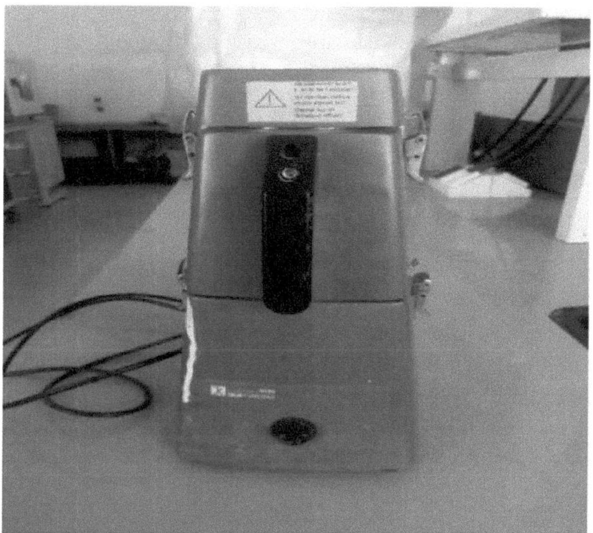

Figura 1. Máquina de moagem

Processamento da amostra

A amostra recebida no laboratório é a primeira a ser etiquetada. Cada pacote de amostra deve conter as seguintes informações.

- Nome da amostra
- Número de código da amostra
- Data da aquisição
- Data da amostragem

- Número de lote no caso de alimentos para animais transformados

- Assinatura e data

2.1. Determinação da humidade nos alimentos para animais

T quantidade de água livre que está presente em qualquer matéria-prima é designada por humidade. Qualquer amostra de matéria-prima pode ser mantida livre de humidade, colocando-a num forno. A "matéria seca" refere-se à quantidade que resta após este processo.

2.1.1. Aparelhos e equipamentos

- Pinça de metal
- Luvas resistentes ao calor
- Espátula
- Marcadores permanentes
- Forno de ar quente
- Placa de Petri
- Dessecadores
- Máquina de balanço

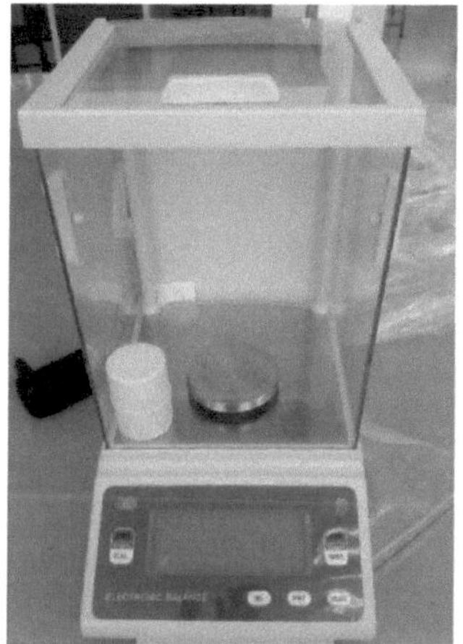

Figura 2. Máquina de balanço e dissector

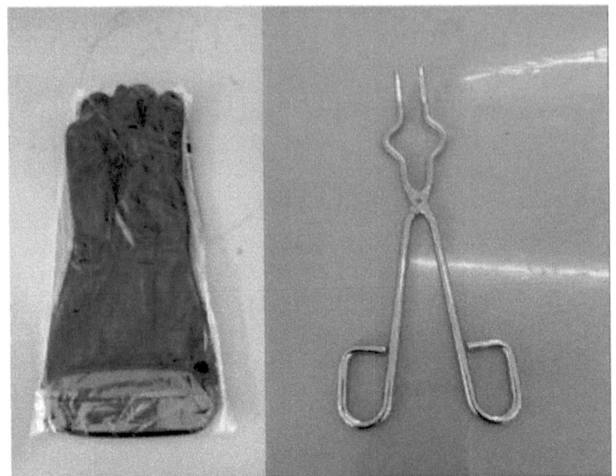

Figura 3. Luva sensível ao calor, espátula e pinça metálica

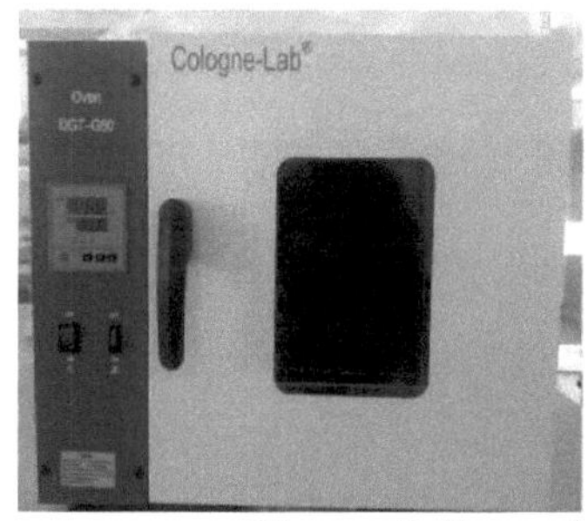

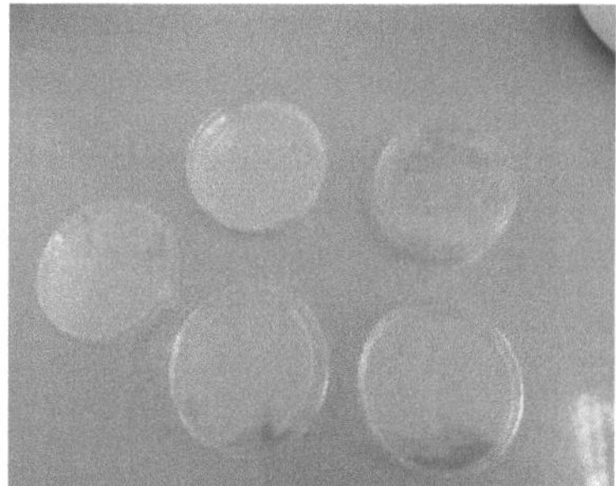

Figura 4. Forno de ar quente e placa de Petri

2.1.2. Procedimento

Passo 1. Preparação da placa de Petri

Colocar a placa de Petri de vidro limpa (120 mm de diâmetro) na estufa e secar a 105° c durante 20 minutos. Manter a tampa aberta e separada. Retirar a placa de Petri da estufa e colocá-la no exsicador para arrefecer.

Etapa 2. Preparação da amostra

A placa de Petri está pronta a ser utilizada na análise da humidade. O estado de calibração da balança deve ser verificado antes da pesagem. Utilizar uma placa de Petri de 120 mm de diâmetro para recolher 10 g de amostra.

Etapa 3. Secagem em estufa de ar quente

Colocar cuidadosamente a placa de Petri com a amostra dentro da estufa de ar quente. Fechar bem a porta. Ajustar a temperatura a 130^0 c durante 2 horas. Após 2 horas, abrir e colocar a placa de Petri da estufa no exsicador.

Passo 4. Peso final

Medir agora o peso final da cápsula com a amostra seca. Limpar a balança após a medição.

Etapa 5. Cálculo

$$Moisture = \frac{Ws - (W1 - W2)}{Ws}$$

W_s= weight of sample

W_1= weight of dish

W_2= weight of dish after drying

2.2. Determinação da matéria seca (MS)

A matéria seca é a parte das forragens que foi desidratada. O teor de matéria seca é a base de todas as análises nutricionais. O método AOAC (Animal Oxygen Analysis and Chemistry) para determinar o teor de humidade dos alimentos para animais foi modificado para que o Laboratório de Nutrição Animal da Universidade Wollo funcione de forma diferente.

2.2.1. Equipamento

- Cadinhos de sílica
- Dessecadores
- Forno de ar quente
- Máquina de balanço

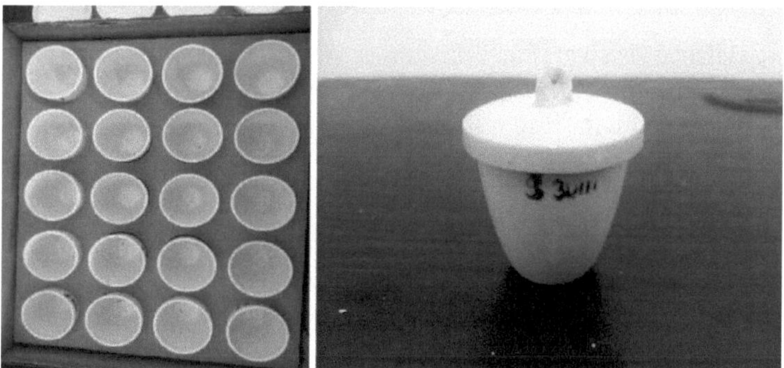

Figura 5. Cadinhos de sílica

2.2.2. Procedimento

- ✓ Amostras secas e trituradas
- ✓ Secar os cadinhos vazios ou o recipiente durante a noite a 105 °C
- ✓ Arrefecer as amostras em exsicadores até à temperatura ambiente
- ✓ Medir o cadinho seco no forno $(W)_t$
- ✓ Adicionar aproximadamente 2 g de amostra moída; registar o peso (Ws)

- ✓ Secar durante a noite a 105 °C durante 24 horas
- ✓ Deixar arrefecer os exsicadores até à temperatura ambiente
- ✓ Peso do cadinho seco no forno e da amostra = (W0)

$$\%DM = \frac{W0 - Wt}{Ws} x100$$

2.3. Determinação das cinzas

2.3.1. Equipamento

- Balanço sensível (Fig. 2)
- Forno de mufla (550 °C) (fig. 6)
- Exsicador (Fig. 2)
- Cadinhos de porcelana ou de sílica (Fig. 5)

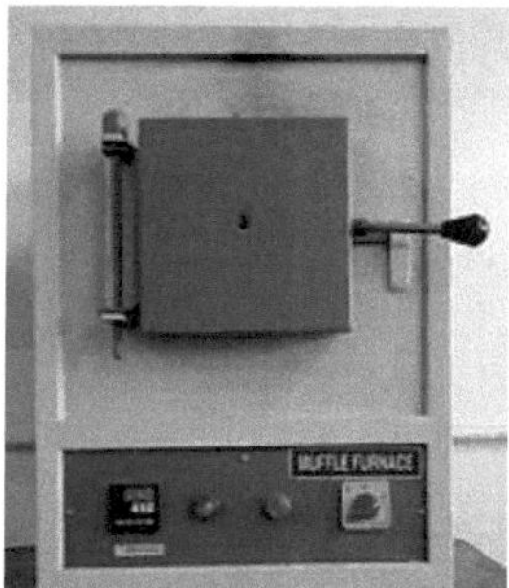

Figura 6. Forno de mufla

2.3.2. Procedimento

- Incendiar as amostras de matéria seca de um dia para o outro a 550 °C durante 2:30h em mufla
- Deixar arrefecer os exsicadores até à temperatura ambiente
- Pesar o cadinho incinerado e a amostra (Wa)
- Peso do cadinho seco no forno e da amostra = $(W)_0$
- Peso do cadinho seco em estufa $(W)_t$

$$\%\text{Ash} = \frac{Wa - Wt}{Wo - Wt} x100$$

2.3.3. Precaução

- A cinza é altamente higroscópica, pelo que a pesagem deve ser efectuada rapidamente

2.4. Determinação da matéria seca orgânica (MSO)

A matéria seca orgânica dos alimentos para animais pode ser calculada utilizando a seguinte fórmula adoptada da AOAC.

$$\%\mathrm{ODM} = 100 - \%Ash$$

2.5. Determinação da proteína bruta

Trata-se de todas as substâncias azotadas presentes na amostra de matéria-prima. As proteínas verdadeiras e as proteínas não verdadeiras (azoto não proteico), como a ureia, estão incluídas nesta substância. No que respeita à nutrição dos animais de criação, a proteína bruta é considerada um componente importante. O método Kjeldahl é utilizado para calcular o azoto total, ou proteína bruta.

2.5.1. Equipamento

- Estante de digestão
- Máquina de equilibrar (fig. 2)
- Espátula (fig. 3)
- Luva à prova de ácido (fig. 3)
- Funil
- Balão de Kjeldahl
- Máquina misturadora

- Conta-gotas
- Pipeta
- Agitador de amostras
- Balão cónico
- Balão volumétrico
- Cilindro de medição
- Placa de aquecimento com agitador magnético

Figura 7. Funil e unidade digestora de Kjeldahl

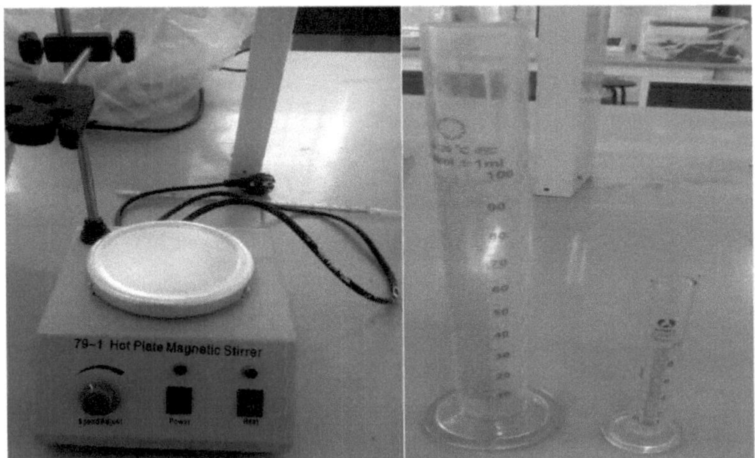

Figura 8. Placa de aquecimento com agitador magnético e proveta

2.5.2. Produtos químicosPreparação de reagentes

1. Catalisador (sulfato de potássio + sulfato de cobre + sulfato de selénio

Procedimento

$KSo_4 + CuSo_4 + SeO_2$

Ratio 5 3 1

- Limpar tudo o que é necessário para preparar o catalisador
- Utilizar uma espátula limpa e separada para pesar os diferentes reagentes/químicos
- Transferir para a mesma câmara misturadora para misturar os catalisadores
- Fechar bem o compartimento do misturador com a tampa
- Misturar todos os produtos químicos para árvores utilizando a máquina misturadora

2. Ácido sulfúrico (concentrado 95-98%)

3. Solução de hidróxido de sódio a 40%

Procedimento

- Determinar o peso de 40 g de NaOH em pellets
- Transferir o NaOH ponderado para o balão e agitar ligeiramente para misturar
- Colocar 80 ml de água destilada no balão

- Rotular o frasco com NaOH a 40%, esperar dissolver todos os grânulos e arrefecer à temperatura ambiente

- Após arrefecimento, adicionar água para obter o volume final de 100 ml

4. **Preparação da solução de ácido bórico a 4%**

Procedimento

- Peso 4g de ácido bórico em pó
- Transferir o pó de ácido bórico para 40 ml de água destilada quente
- Agitar com uma vareta de vidro limpa para dissolver bem o ácido bórico. Desligar a placa de aquecimento e arrefecer a solução de ácido bórico
- Rotular um balão volumétrico de 100 ml com solução de ácido bórico a 4%
- Colocar a solução arrefecida de ácido bórico no balão volumétrico
- Adicionar água destilada até perfazer o volume de 100 ml e rodar o balão para misturar 4% da solução de ácido bórico.

5. Ácido clorídrico 0,1N (normalizado)

Procedimento

Passo 1. Preparação do indicador de fenolftaleína

- Dissolver 2 g de pó indicador de fenolftaleína em 100 ml de etanol e misturar bem por agitação

Passo 2. Diluir 0,83 ml de HCl (concentrado) com água destilada até perfazer o volume total de 100 ml.

- Rotular um balão volumétrico de 100 ml com HCl 0,1N
- Deitar 80 ml de água destilada num balão volumétrico de 100 ml
- Pipetar 0,83 ml de HCl concentrado (37%) para o balão
- Adicionar água destilada suficiente para perfazer 100 ml do volume final
- Agitar o frasco para misturar o HCl com a água destilada

Passo 3. Padronizar o HCl 0,1N recentemente preparado com uma solução padrão de NaOH 0,1N e determinar a normalidade efectiva.

- Colocar na bureta uma solução padrão de NaOH 0,1N
- Efetuar a leitura inicial da bureta
- Medir 20 ml de solução de HCl recém-preparada e colocar no erlenmeyer
- Adicionar 3-4 gotas do indicador fenolftaleína ao erlenmeyer
- Titular com uma solução padrão de NaOH a 0,1
- Efetuar a leitura final da bureta após a mudança de cor

Passo 4. Cálculo para a padronização de HCl 0,1N

- Leitura da bureta de NaOH $(V)_2$
- Normalidade do NaOH $(N)_2$
- Volume de HCl preparado $(V)_1$

- Normalidade do HCl (N)1

$$N_1 = \frac{V_2 X N_2}{N_1}$$

Reescrever a normalidade real do HCl a partir do cálculo da normalização

6. Indicador vermelho de metilo

- Dissolver 100 mg de pó indicador de vermelho de metilo em 100 ml de metanol e misturar bem por agitação

Determinação do azoto total (proteína bruta) pelo método de Kjeldahl

2.5.3. Procedimentos

1. Digestão

- Rotular o balão de Kjeldahls com o número da amostra
- Colocar a amostra pesada no frasco
- Novamente, pesar 3g de catalisador
- Introduzir o catalisador no balão para misturar a amostra

- Tomar 20 ml de H concentrado$_2$ SO_4 e deitar o ácido no balão de recolha de amostras

- Agitar suavemente o balão para misturar o ácido com a amostra e o catalisador

- Colocar cuidadosamente o frasco na unidade de digestão

- Ligar a alimentação do digestor e regular a temperatura para 230^0 c e a circulação da água aberta

- Após 2 horas, a solução de cor verde limpa indica o fim da digestão

- Desligar o digestor e esperar que o balão arrefeça

- Agora, a amostra digerida é diluída com água destilada

- Adicionar 20 ml de água destilada ao balão, misturar e verter a amostra digerida para um balão volumétrico de 100 ml

- Adicionar água suficiente para perfazer o volume final de 100 ml

2. Destilação

- Medir 30 ml de ácido bórico a 4% e verter para um erlenmeyer
- Colocar o balão na unidade de recolha de destilado
- Transferir 10 ml de amostra digerida para o balão de destilação
- Agora, adicionar 50 ml de NaOH a 40%
- Adicionar mais 50 ml de água destilada
- Efetuar a destilação a 200^0 c durante 1 hora
- Desligar a destilação depois de recolher cerca de 100 ml de destilado

3. Titulação

- Colocar HCl 0,1N na bureta
- Observar a leitura inicial da bureta
- Adicionar algumas gotas de indicador vermelho de metilo ao

erlenmeyer e misturar bem

- Iniciar a titulação - adicionando HCl 0,1N
- Colocar um fundo branco na parte inferior do frasco para que as cores fiquem transparentes
- Iniciar a titulação adicionando HCl 0,1N
- Parar a titulação se a cor mudar para laranja
- Anotar a leitura final da bureta

4. Cálculo

Por fim, calcular o azoto e a proteína bruta

$$N\% = \frac{V_1 + n_1 \, x \, F_1 \, x \, M_{wn}}{W_s \, x \, 10}$$

$$\text{Crude protein } \% = N\% \; x \; Factor \; x \; F_2$$

Where,

V_1= Volume of 0.1N HCl (final burette reading –initial burette reading)

n_1= Normality of HCl

F_1= Acid factor

F_2= Dilution Factor

Mwn=Molecular weight of nitrogen =14.007

2.6. Determinação da matéria gorda bruta ou do extrato etéreo

A gordura bruta ou éter é calculada através da extração da amostra de alimentos para animais utilizando a evaporação contínua e a condensação de solventes gordos como o éter de petróleo, o éter dietílico, o benzeno, o hexano, etc. Em aparelhos de extração especiais, ou seja, aparelhos de soxhlate. Os lípidos são um grupo de materiais insolúveis em água mas solúveis em

éter, clorofórmio e benzeno. O procedimento de extração do éter é bastante simples e envolve normalmente um aparelho de refluxo no qual o éter é fervido, condensado e deixado passar através da amostra de alimentação.

2.6.1. Aparelhos e equipamentos

- Aparelho de Soxhlet
- Extrator de Soxhlet
- Papel de filtro
- Cilindro de medição (fig. 8)
- Dedais

Figura 9. Aparelho e extrator de Soxhlet

2.6.2. Químico/Reagente

- n-hexano 95%

2.6.3. Procedimento

Passo 1. Preparação do dedal

- Reúna tudo o que precisa para fazer um dedal com papel de filtro
- Fazer um dedal com papel de filtro
- Colocar o dedal na balança
- Tirar o peso de um dedal

Passo 2. Preparação da amostra

- Moer a amostra se esta for sólida
- Colocar cerca de 4,5 g de amostra no dedal.
- Tomar nota do peso da amostra

- Colocar uma pequena quantidade de algodão no dedal de forma a cobrir a amostra
- Dobrar o dedal para envolver a amostra
- Pegar num dedal de celulose (suporte de amostras)
- Rotular o dedal que contém a amostra com o número da amostra e colocá-lo dentro do dedal de celulose
- Pegar num frasco de fundo plano limpo e seco
- Pesar o frasco e colocá-lo numa balança

Etapa 3. Extração de gordura

- Preparar a unidade de extração em soxhlet, colocando a amostra na mesma
- Adicionar uma quantidade suficiente de n-hexano
- Passar a água pelo condensador do extrator de soxhlet
- Ligar a alimentação e ativar durante 6 horas
- Retirar a amostra do dedal
- Rodar o balão para evaporar o excesso de n-hexano

Passo 4. Determinação do peso final

- Colocar o frasco na estufa para eliminar a humidade e o hexano

- Ajustar a temperatura para 1100c durante 30 minutos

- Retirar o frasco seco e colocá-lo no exsicador para arrefecer durante 20 minutos

- Medir o peso final do balão após arrefecimento

Etapa 5. Cálculo

$$\%\text{Crude Fat} = \frac{W_2 - W_1}{W_s} x100$$

Onde

W_1 = peso do balão

W_2 = peso do frasco e da gordura

W_s = peso da amostra

2.7. Determinação da fibra bruta

2.7.1. Reagentes

- Solução de ácido sulfúrico, 0,255N, 1,25 g de H2SO4/100 mL

- Solução de hidróxido de sódio, 0,313N, 1,25 g de NaOH/100 mL, isenta de Na2CO3 (as concentrações destas soluções devem ser verificadas por titulação)

- Álcool - Metanol, álcool isopropílico, etanol a 95%, etanol reagente

- Lascas ou grânulos de colisão - agente antiespuma (decalque)

2.7.2 Aparelhos

- Aparelho de digestão
- Pratos de cinzas
- Dessecador
- Dispositivo de filtragem

- Filtro de aspiração: para acomodar dispositivos de filtragem. Ligar o frasco de sucção ao coletor em linha com o aspirador ou outra fonte de vácuo com válvula para quebrar o vácuo.

2.8. Determinação do NFE (extrato isento de azoto)

O extrato isento de azoto (NFE) representa a fração de hidratos de carbono solúveis do alimento. No sistema de análise de Weende, o NFE não é estimado, mas sim calculado.

NFE com base na alimentação = 100 - (Humidade+ Proteína bruta + Extrato etéreo + Fibra bruta + Cinza total)

NFE em base de matéria seca = 100 - (Proteína bruta + Extrato etéreo + Fibra bruta + Cinza total)

3. BLOCOS DE MELAÇO DE UREIA (UMB)

O UMMB é composto por vários ingredientes, cada um dos quais acrescenta algo único à mistura. Normalmente, consiste em melaço, ureia, cimento, farelo de trigo, subprodutos ricos em proteínas, água e sal, que são combinados e processados em forma de bloco. O melaço fornece energia e minerais como o enxofre. Aumenta a sua ingestão pelo animal. A ureia é uma fonte de azoto não proteico, essencial para melhorar a digestibilidade dos alimentos, fornecendo azoto fermentável. O farelo de cereais é o alimento fibroso mais comum utilizado e fornece energia e ajuda a manter o bloco unido. O bagaço de sementes de nabo silvestre é adicionado para fornecer proteínas e é uma fonte de proteínas de desvio e proporciona uma função imediata ao animal. O sal é adicionado aos blocos para fornecer minerais e para controlar a taxa de consumo. Para fazer o bloco, utiliza-se cimento. Este torna o bloco duro e fornece cálcio.

3.1. Preparação dos ingredientes

O peso do bloco a ser fabricado determina a quantidade de cada ingrediente a ser misturado. Utilizando a seguinte proporção, o UMB pode ser produzido misturando cuidadosamente as quantidades exactas dos componentes;

- Melaço **(34%)**
- Ureia **(10%)**

- Cimento (**15%**)
- Sêmea de trigo (**25%**)
- Bagaço de sementes de noug (**13%**) e
- Sal comum (**3%**).

3.2. Aparelhos

- Instrumento de moldagem
- Ingredientes
- Equipamento de mistura
- Balanças de pesagem.

3.3. Procedimento

1. Recolher os seguintes ingredientes e prepará-los com base no bloco de nutrientes necessário. Primeiro, todos os ingredientes são pesados e colocados em sacos, sacos de plástico ou baldes.

- Melaço
- Ureia
- Cimento
- farelo de trigo
- Bolo de sementes de noug
- Sal comum

2. O cimento e a água são misturados no tanque à mão ou com uma pá de madeira

3. Em seguida, adiciona-se o sal, o melaço e a ureia e mistura-se de forma semelhante

4. Por fim, o farelo é adicionado muito lentamente à medida que todos os ingredientes são misturados

5. O ingrediente misturado é introduzido nos moldes, onde é compactado para deslocar o ar

6. Após a moldagem, os blocos são normalmente deixados em repouso durante 24 horas antes de serem armazenados.

Precauções durante a toma do suplemento Urea Molasses Block

É essencial ter em atenção o seguinte durante a toma do suplemento Urea Molasses Block

- Alimentação exclusiva de ruminantes (ovinos, caprinos e bovinos).
- Não alimentar monogástricos (ou seja, cavalos, burros ou porcos).
- Não alimentar os ruminantes jovens com menos de seis meses de idade (cabritos, cordeiros)

- Os blocos devem ser utilizados como complemento e não como ração de base

- É essencial um mínimo de forragem grosseira no rúmen

- Nunca dar blocos a um animal emaciado com o estômago vazio. Existe o risco de envenenamento devido a um consumo excessivo

- A quantidade de blocos fornecidos aos ovinos e caprinos deve ser limitada a 100 gramas/dia, enquanto que para os bovinos deve ser limitada a 700 gramas/dia.

- Os blocos nunca devem ser fornecidos moídos ou dissolvidos em água, pois isso pode resultar num consumo excessivo

- Fornecer uma quantidade suficiente de água *ad lib*

4. AVALIAÇÃO FÍSICA DOS ALIMENTOS PARA ANIMAIS

Os alimentos para animais têm de ser fisicamente inspeccionados a fim de se avaliar a sua qualidade e adequação para utilização nas dietas dos animais. O exame da cor, da textura, do odor, do teor de matérias estranhas e da contaminação por bolores dos alimentos para animais faz parte desta avaliação. A avaliação física dos alimentos para animais é um método rápido e prático de avaliar a qualidade dos alimentos para animais com base em caraterísticas visíveis como a cor, a textura, o odor e a presença de matérias estranhas ou bolores. Estes atributos podem revelar informações essenciais sobre a frescura, a segurança e o potencial valor nutritivo dos alimentos para animais. Por exemplo, uma cor verde nas forragens indica frequentemente um teor nutricional mais elevado, enquanto um odor a mofo ou uma coloração escura podem indicar deterioração ou contaminação por bolores, que podem ser prejudiciais para o gado. A avaliação da textura e do tamanho das partículas também ajuda a determinar a digestibilidade, especialmente nos ruminantes. Esta avaliação inicial e prática é crucial para selecionar alimentos que sejam seguros e benéficos, garantindo que satisfazem as necessidades alimentares dos animais.

1. Cor

A cor de um alimento para animais pode revelar informações sobre o seu valor nutricional, maturidade e frescura. Um perfil rico em nutrientes é sugerido por uma forragem verde, que tem um teor mais elevado de clorofila, enquanto a oxidação ou deterioração pode ser indicada por uma cor castanha ou escura.

2. Textura

A textura está relacionada com a consistência física dos alimentos e a dimensão das partículas. As forragens grosseiras podem ser mais difíceis de digerir do que as mais finas, e os alimentos demasiado poeirentos podem fazer com que os animais comam menos. Para os ruminantes, a textura é particularmente importante porque a digestão e a ruminação são afectadas pelo tamanho das partículas.

3. Odor

Os alimentos de alta qualidade têm normalmente um cheiro agradável e fresco, enquanto os cheiros a mofo ou azedo podem ser sinais de fermentação, crescimento de bolor ou deterioração. Além disso, o odor pode ser utilizado para identificar problemas como a fermentação na silagem ou o ranço nas gorduras.

4. Presença de material estranho

A avaliação física implica a localização de qualquer material não alimentar que possa ser perigoso e diminuir a qualidade dos alimentos, como pedras, terra, plástico ou ervas daninhas. A eliminação de objectos estranhos é crucial para proteger os animais de possíveis danos.

5. Crescimento de fungos e mofo

Os alimentos para animais que contêm bolor podem ser potencialmente perigosos.

5. REFERÊNCIA

AOAC (Association of Official Analytical Chemists). 1995. Alimentos para animais: Preparação de amostras (950.02). Métodos oficiais de análise, 16th edition.

AOAC (Association of Official Analytical Chemists). 1995. Cinzas de alimentos para animais (942.05). Métodos oficiais de análise, 16th edition.

AOAC (Association of Official Analytical Chemists). 1995. Gordura (Bruta) ou Extrato de Éter em Alimentos para Animais (920.39). Métodos oficiais de análise, 16th Edition.

AOAC (Association of Official Analytical Chemists). 1995. Fibra (Detergente Ácido) e Lignina em Alimentos para Animais (973.18). Métodos oficiais de análise, 16th edition.

AOAC (Association of Official Analytical Chemists). 1995. Humidade nos alimentos para animais (930.15). Métodos oficiais de análise, 16th edition.

AOAC (Association of Official Analytical Chemists). 1995. Segurança Laboratorial. Apêndice B. Métodos oficiais de análise, 18th edition.

AOAC (Association of Official Analytical Chemists). 1990. Official methods of analysis, 15ª edição. Arlington, VA.

AOAC (Association of Official Analytical Chemists). 2000. Método Oficial AOAC 970.26. Métodos oficiais de análise, 17th edition.

AOAC (Association of Official Analytical Chemists). 2000. AOAC Official Method 972.16. Métodos oficiais de análise, 17th edition. Gaithersburg, MD, EUA.

AOAC (Association of Official Analytical Chemists). 2000. Método oficial 947.05. Métodos oficiais de análise, 17th edition. Gaithersburg, MD, EUA.

Kunju, P.J.G. (1986). "Urea molasses block lick: A feed supplement for ruminants" Proceedings of the International Workshop, Kandy, Sri Lanka p261.

L.O. García e J.I.R. Restrepo. 1995. Manual de blocos de multi-nutrientes. Organização das Nações Unidas para a Alimentação e a Agricultura Roma, FAO Economic and Social Development Series No.3/45

Van Soest, P. J. 1975. Aspectos físico-químicos da digestão das fibras. In: I. W. McDonald, e AC. I. Warner (Ed.), Digestion and Metabolism in the Ruminant. The Univ. New England Publ. Unit, Armidale, Austrália.

Zaklouta M., Hilali M., Nefzaoui A. e Haylani M. 2011. Animal nutrition and product quality laboratory manual. ICARDA, Aleppo, Síria. viii + 92 pp.

Printed by Books on Demand GmbH, Norderstedt / Germany